献给喜欢仰望天空的你

看云识天气

Kan Yun Shi Tianqi

主　编　苏德斌

副主编　陆　晨　高迎新　胡天洁

气象出版社
China Meteorological Press

图书在版编目（CIP）数据

看云识天气 / 苏德斌主编. -- 北京：气象出版社，
2015.11（2022.2重印）
　　ISBN 978-7-5029-6290-6

　　Ⅰ. ①看　Ⅱ. ①苏　Ⅲ. ①云—关系—天气—普及

读物 Ⅳ. ①P426.5-49②P452-49

　　中国版本图书馆CIP数据核字(2015)第271700号

看云识天气
Kan Yun Shi Tianqi

苏德斌　主编

出版发行：气象出版社

地　　址：	北京市海淀区中关村南大街46号	邮政编码：	100081
总 编 室：	010-68407112	发 行 部：	010-68409198
网　　址：	http://www.qxcbs.com	E-mail：	qxcbs@cma.gov.cn
责任编辑：	胡育峰　颜娇珑	终　 审：	邵俊年
设　 计：	符　赋	责任技编：	赵相宁
印　　刷：	北京地大彩印有限公司		
开　　本：	787mm×1092mm 1/16	印　 张：	6.75
字　　数：	75千字		
版　　次：	2015年11月第1版	印　　次：	2022年2月第3次印刷
定　　价：	36.00元		

前言

天上的云异彩纷呈，对应的天气多种多样。云的高度、形状、颜色等特征与天气的变化密切相关，通过对云的观测，能够在一定程度上实现对天气变化的预测。在全国气象特色中小学校开设的地面气象观测课程中，孩子们最感兴趣的，就是对云的观测。而且，随着生活质量的不断改善，人们对生活环境的要求也越来越高，对蓝天白云的渴望更加强烈，许多人开始欣赏云的美。《看云识天气》力求做到寓教于乐，让青少年及喜爱大自然的人们在欣赏图片的过程中认识云，让更多非专业人员在摄影的乐趣中了解云，让气象知识更多地走进人们的视野，融入人们的生活。

《看云识天气》内容共六章：前两章综合介绍了云的形成、特征及分类；第三、四、五章具体介绍了3族10属29类云，共选取了87张能反映各类云典型特征的图片，配以简要的语言，对其基本特征及对应的天气进行了说明；第六章介绍的是常见的12种天气现象。希望通过这样的介绍，能让更多的人认识云、认识天气，让气象更贴近民生，更好地服务于我们的生活。

目录

前言

001　什么是云

005　云的分类

011　低云

041　中云

059　高云

075　天气现象

什么是云

　　"云彩"，是云的通称。由于其变幻莫测的形态及其在天空中显示出的缤纷色彩，有时也称为"彩云"。气象学上一般称之为"云"。天上的云千姿百态、千变万化，一直为人们所喜爱和赞赏。唐代诗人来鹄曾用诗句"千形万象竟还空，映水藏山片复重。无限旱苗枯欲尽，悠悠闲处作奇峰"来形容云的变化无常。

　　天空中的云有高有低，颜色各异。高的云，距地面有 1 万多米；低的云，距地面只有几十米。云，有的洁白如絮，有的乌黑一块，有的灰蒙蒙一片，有的发出红色和紫色的光彩。那么，这些多姿多彩的云到底是什么物质？又是怎样形成的呢？

　　云，其实就是停留在大气中的水滴或冰晶的集合体。太阳照在地球的表面，水受热蒸发形成水汽，空中水汽饱和之后，水分子就会聚集在空气中的微粒周围，形成水滴或冰晶，这些水滴和冰晶聚集在一起，就形成了云。

　　云的色彩，来源于云体对光的折射和反射，跟云的薄厚有直接关系。很厚的云，光线很难穿透，看上去就很黑；稍微薄一点的云，看起来是灰色的，特别是波状云，云块边缘部分，色彩更为灰白；很薄的云，光线容易透过，特别是由冰晶组成的薄云，云丝在阳光下显得特别明亮，带有丝状光泽。有的云层薄得几乎看不出来，如"薄幕卷层云"，但它的存在会导致在日月附近形成一个或几个大光环，由此可以断定云的存在。孤立的积状云，因云层比较厚，光线无法穿透，因此向阳的一面看起来是白色明亮的；而背光的一面看起来比较灰暗。日出和日落时，阳光是斜射入大气层的，它需要穿过很厚的大气层才能到达地面。过程中空气中的水汽等杂质能使波长较短的绿、蓝、靛、紫光被大量散射，只有波长较长的红、橙、黄光能穿透大气照射到大气下层，因此我们看到的天空就偏红。长波光特别是红光占大多数时，不仅日出、日落方向的天空是红色的，就连被它照亮的云层底部和边缘都变成红色的了。由于云的组成成分主要是水滴和冰晶，但因两者比例的差别，光线通过时会形成各种不同的美丽的光学现象，如我们常见的彩虹、晕和华。

云的分类

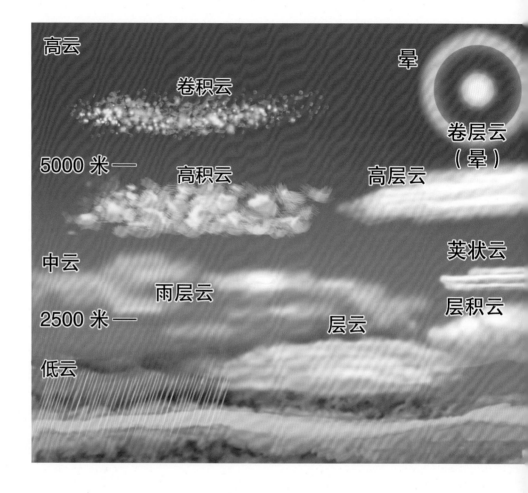

在气象观测上，最为通用的是世界气象组织（WMO）1956年在国际云图中公布的分类体系。我国以这一分类体系为基础，根据云所在的高度和基本外形将云分成3族10属，再根据外形特色、结构特点、云底高度、排列情况、透光程度、附从云以及演变情况等，进一步分为29类（表1）。

在分类时，首先根据常见云底高度将云分成低云、中云和高云3族。

低云云底高度低于2.5千米，包括层云、层积云、雨层云、积云、积雨云5属。

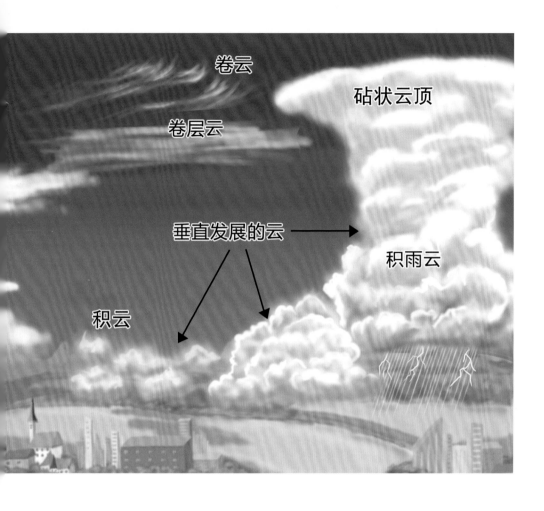

中云云底高度一般为2.5~5千米，包括高层云、高积云2属。

高云云底高度一般在5千米以上，包括卷云、卷层云、卷积云3属。

根据云的形成原因及过程，我们通常又把云分为积状云、层状云和波状云3类。

积状云：大气中的对流运动可以产生淡积云、浓积云、积雨云等，我们称这些云为对流云，又称积状云。对流云，顾名思义应该有对流发展，空气层结为不稳定型，对流高度超过凝结高度。对流云是上升气流中水汽凝结而生成的。空气中既有上升气流当然也存在下沉气流，因此对流云多数是局部的、孤立的云体。

层状云：层状云是空气被整层抬升到凝结高度以上时水汽凝结、凝华而生成的云。高度最低的是雨层云，主要由水滴组成；其次是高层云，主要由过冷却水滴和冰晶组成；最高的是卷层云，暖湿空气已被抬升到冻结层以上，水汽可直接凝华形成冰晶。

波状云：波状云包括高积云、层积云、卷积云等。由于大气波动作用而产生上升和下沉气流，上升气流区水汽凝结成云，下沉气流区相对湿度变小，无法成云。因此天空中才会出现波状云。

表1 云的分类

云 族	云 属		云 类		
	中文学名	国际简写	中文学名	国际简写	拉丁文学名
低云	积云	Cu	淡积云	Cu hum	Cumulus humilis
			碎积云	Fc	Fractocumulus
			浓积云	Cu cong	Cumulus congestus
	积雨云	Cb	秃积雨云	Cb calv	Cumulonimbus calvus
			鬃积雨云	Cb cap	Cumulonimbus capillatus
	层积云	Sc	透光层积云	Sc tra	Stratocumulus translucidus
			蔽光层积云	Sc op	Stratocumulus opacus
			积云性层积云	Sc cug	Stratocumulus cumulogenitus
			堡状层积云	Sc cast	Stratocumulus castellanus
			荚状层积云	Sc lent	Stratocumulus lenticularis
	层云	St	层云	St	Stratus
			碎层云	Fs	Fractostratus
	雨层云	Ns	雨层云	Ns	Nimbostratus
			碎雨云	Fn	Fractonimbus
中云	高层云	As	透光高层云	As tra	Altostratus translucidus
			蔽光高层云	As op	Altostratus opacus
	高积云	Ac	透光高积云	Ac tra	Altocumulus translucidus
			蔽光高积云	Ac op	Altocumulus opacus
			荚状高积云	Ac lent	Altocumulus lenticularis
			积云性高积云	Ac cug	Altocumulus cumulogenitus
			絮状高积云	Ac flo	Altocumulus floccus
			堡状高积云	Ac cast	Altocumulus castellanus
高云	卷云	Ci	毛卷云	Ci fil	Cirrus filosus
			密卷云	Ci dens	Cirrus densus
			伪卷云	Ci not	Cirrus nothus
			钩卷云	Ci unc	Cirrus uncinus
	卷层云	Cs	毛卷层云	Cs fil	Cirrostratus filosus
			薄幕卷层云	Cs nebu	Cirrostratus nebulosus
	卷积云	Cc	卷积云	Cc	Cirrocumulus

低云

淡积云

碎积云

浓积云

秃积雨云

鬃积雨云

透光层积云

蔽光层积云

积云性层积云

堡状层积云

荚状层积云

层云

碎层云

雨层云

碎雨云

淡积云

淡积云是最为常见的云。云体轮廓分明，底部平坦有阴影，顶部略微凸起，呈"馒头"形状，水平宽度大于垂直高度。云块孤立分散，在阳光照射下呈白色。它的出现，标志着在云团上方出现稳定的气层，表明至少在未来的几个小时内天气都是不错的。谚语称"馒头云，天气晴"。

淡积云　胡育峰/摄

淡积云
高迎新/摄

    在平原地区，淡积云常出现在盛夏。而在内蒙古高原，一年四季都会出现。

淡积云
颜娇珑/摄

    夏季早晨天气晴好，山体的向阳坡由于受到太阳光照作用，空气受热膨胀变轻而上升，在热力作用下最终凝结形成淡积云。

碎积云

碎积云，是在淡积云形成之前或积云被风吹散之后，形成的边缘破碎、轮廓不完整、形状多变的云。

碎积云　苏德斌/摄

碎积云
胡育峰/摄

　　天空出现碎积云表明中低空气层比较稳定，天气晴好。如单独出现且无明显发展，一般表示天气稳定。

碎积云
胡育峰/摄

　　近处低空的碎积云形状多变，边缘破碎，轮廓很不完整。

浓积云　林方曜/摄

浓积云

　　浓积云云体高大，轮廓清晰，底部较平，云体比较灰暗，很像高塔，垂直发展旺盛，垂直厚度超过水平宽度，顶部呈圆弧形重叠，呈"花椰菜"形状。

　　浓积云是由淡积云发展或合并发展而成，在其发展旺盛阶段，一般不会出现降水，但有时也带来短时阵雨。清晨出现浓积云，显示大气层结不稳定，午后会出现雷阵雨天气。

画面中浓积云正处在发展旺盛期，右半部分云顶仍保持"花椰菜"形状，左半部分云顶已经生成毛丝般冰晶结构，向秃积雨云发展。

浓积云　张旭超/摄

高空拍摄到的浓积云。图片中部如卧狮般的就是浓积云，其中"狮子头部"浓积云已逐渐发展成秃积雨云，顶部花椰菜形极为明显。

浓积云　颜娇珑/摄

秃积雨云　高迎新/摄

秃积雨云

秃积雨云为积雨云的初始阶段，一般维持时间较短。秃积雨云常常由浓积云发展而成，是浓积云发展到鬃积雨云的过渡阶段，花椰菜形的轮廓渐渐变得模糊，顶部开始冻结，形成白色毛丝般的冰晶结构。

秃积雨云一般有两种发展趋势：一是发展迟缓，维持一段时间后便逐渐消散，不会造成恶劣天气；二是上午出现，午后迅速向上发展成为鬃积雨云，并向下风方移动，这种趋势说明数小时之内将会产生雷雨天气。

秃积雨云　宋安驰/摄

　　由浓积云发展成的秃积雨云，云体仍在扩展，云顶已冰晶化出现丝缕结构。

秃积雨云
佚名/摄

　　秃积雨云除了在云顶边缘的某些部位由于冰晶化而开始模糊，呈现丝缕结构之外，其他特征与浓积云相似。图中是9千米高空拍摄到的秃积雨云。

鬃积雨云

　　鬃积雨云是积雨云的成熟阶段，常产生雷暴、阵雨（雪），或有雨（雪）幡下垂，有时产生强风或冰雹，云底偶有龙卷产生。鬃积雨云云底起伏不平，常呈暗黑色，它是夏天雷阵雨和暴雨出现之前最常见的云。

鬃积雨云　赵勇/摄

鬃积雨云　胡育峰/摄

　　鬃积雨云已经形成，接近头顶，不远处可见雨幡，雨势较大。天边的浓积云正在发展。

鬃积雨云
王琳琳/摄

　　鬃积雨云正在降雨。云底阴暗混乱，起伏明显，有悬球状云底，云地间有线状闪电，强闪电与高楼相接。

透光层积云

透光层积云形状不是很规则，云块呈暗灰色，西落的阳光从很厚的云隙透射出来。

透光层积云　颜娇珑/摄

透光层积云
李雪静/摄

透光层积云云块较薄，呈灰白色，排列较整齐，缝隙处可以看见蓝天。

透光层积云
陆晨/摄

透光层积云云层厚度变化很大，云块之间有明显的缝隙。

蔽光层积云

蔽光层积云云块较厚，显暗灰色，云块间无缝隙，常密集成层，底部有明显的波状起伏，有时会产生降水。

蔽光层积云　张明英/摄

蔽光层积云　高迎新/摄

　　蔽光层积云布满全天，由于云层厚度不均，有深灰浅白之分。远处云块呈条状，近处犹如"上帝之眼"。

蔽光层积云　胡育峰/摄

　　蔽光层积云布满全天。它是层云抬升后演变形成的。

积云性层积云

积云性层积云是由衰退的积云或积雨云扩展、平衍形成的，云体多为扁平的长条形，呈灰白色、暗灰色，顶部具有积云特征。

积云性层积云　胡育峰/摄

　　积云性层积云也可由傍晚地面四散的受热空气对流减弱平衍而成。上图左半部分为积云性层积云，云的形状很不规则，中间凸起，云块间有缝隙，右半部分为碎积云，缝隙处出现霞光。

　　积云性层积云的出现一般表示对流减弱、天气逐渐趋向稳定，但有时也会降雨。图中的积云性层积云由积云衰退形成，云底可见雨幡。

堡状层积云

　　堡状层积云云块细长，底部水平，顶部凸起有垂直发展的趋势。远处看去好像城堡或长条形锯齿。堡状层积云是由于较强的上升气流突破稳定层后，局部垂直发展所形成的。若对流继续增强，水汽条件也具备，则往往预示有积雨云发展，甚至有雷阵雨产生。俗话说得好："猴头城堡当日现，马鬃雷雨即时见"。

堡状层积云　郭恩铭/摄

远处天空出现一排底部平坦而顶部凸起的堡状层积云，似城堡相连。出现堡状层积云，显示出大气层结很不稳定，若夏季清晨出现堡状层积云，午间对流再发展，很容易形成积雨云而导致雷雨。

堡状层积云　佚名/摄

图中上部为排列整齐的透光高积云，下部靠近海面远处有堡状层积云。

堡状层积云　侯娅南/摄

荚状层积云

　　荚状层积云云体呈豆荚状、梭子形，中间较厚，边缘较薄，它是受地形影响而形成的。下图中，黑海北岸是高山，由于地形的影响，在海边上空出现荚状层积云，云底呈暗灰色，沿海岸排列成行，边缘有几块碎云，远处是高积云。

荚状层积云　郭恩铭/摄

荚状层积云　郭恩铭/摄

　　层积云移动到山顶时，由于受地形影响，层积云演变成五层重叠起来的荚状云，云顶上部仍是蔽光层积云。

荚状层积云
高迎新/摄

　　北京西山上空，蔽光高层云下面有荚状层积云。

层云

　　层云云层低而均匀，云底距地面一般不超过500米，像雾但通常不接地，常是由大雾抬升形成的，呈灰白色或灰色，如同天空布满雾纱，空气中有水汽扑面的感觉。

　　下图中萦绕山间的就是层云。

层云　王力/摄

层云
颜娇珑/摄

　　层云中往往会落下毛毛雨或者小的米雪，但是不会下大雨或大雪。一般在风比较静的气象条件下形成层云。

层云
吴永泽/摄

　　夜间山中降温，易形成雾。早晨随着气温升高，雾抬升形成层云，遮住山顶。

碎层云

碎层云云体为不规则的碎片，形状多变，移动较快，呈灰色或灰白色，往往是由消散中的层云分裂或雾抬升而成，出现时多预示晴天。

碎层云　伊人/摄

碎层云
王京生/摄

山地于早晚常直接生成碎层云。

碎层云
王京生/摄

碎层云出现在北京灵山，是层云被抬升后在逐渐消散过程中形成的支离破碎的云层。

雨层云

雨层云云层很厚，一般厚度为4~5千米，呈暗灰色，水平分布范围广，常布满全天，是典型带来坏天气的云。

雨层云　胡育峰/摄

雨层云
张明英/摄

雨层云云层很厚，云底较低，完全遮蔽日月。云底显得混乱，常出现碎雨云。

雨层云
王力/摄

天上出现雨层云，常有连续性降水。谚语"天上灰布悬，雨丝定连绵"，多指雨层云连续降水的状况。

碎雨云

碎雨云云体低而破碎，不断滋生，形状多变，移动较快，呈暗灰色，是由于降水物蒸发，空气湿度增大，在乱流作用下水汽凝结而形成。

碎雨云　官秀珠/摄

碎雨云　胡育峰/摄

　　碎雨云也称"飞云"，常出现在雨层云、积雨云下。拍摄时正在断断续续下小雨。

碎雨云　胡天洁/摄

　　碎雨云是降水云层下经扰动凝结而形成的碎云。常出现在降水时或降水前后。

中云

透光高层云
蔽光高层云
透光高积云
蔽光高积云
荚状高积云
积云性高积云
絮状高积云
堡状高积云

透光高层云

透光高层云厚度一般为1～3千米，由较均匀的层状云云幕组成。透光高层云云层较薄，底部平滑，呈灰白色，透过云层，日月轮廓模糊，好像隔了一层毛玻璃，地面物体没有影子。云层的增厚和云量的增加指示着天气系统即将影响本地，因而可以作为天气转变的征兆。

透光高层云　邵华/摄

透光高层云属于层状云，是由稳定气层大范围缓慢上升形成的。

透光高层云　郭恩铭/摄

清晨的西湖边，均匀的透光高层云布满全天，透过云层太阳的位置依稀可辨，但轮廓不清晰。

透光高层云　邵华/摄

蔽光高层云

　　蔽光高层云云层较厚，且厚度变化较大。厚的部分隔着云层看不见日月；薄的部分较为明亮，可看出纤缕结构。云层呈灰色，有时略带蓝色，出现降水的概率较大。

　　下图的灰色蔽光高层云布满全天，云层较厚，看不到太阳的位置，天空阴暗。

蔽光高层云　王力/摄

蔽光高层云　苏德斌/摄

　　蔽光高层云多由直径5～20微米的水滴、过冷水滴和冰晶、雪晶（柱状、六角形、片状）混合组成。图中蔽光高层云下有淡积云。

蔽光高层云　苏德斌/摄

　　出现蔽光高层云，特别是云体较厚时，一般预示着未来几小时要有降水天气出现。

透光高积云

透光高积云，云体在厚薄和形状上有很大差别，常成椭圆形、瓦块状、鱼鳞片，或是水波状的密集云条，成群、成行、成波状排列。透光高积云由微小水滴或过冷水滴与冰晶组合而成。日、月穿过薄的透光高积云时，常能观测到由于光的衍射而形成的内蓝外红的日华。透光高积云稳定少变，一般预示晴天。

透光高积云　陈曦/摄

透光高积云云层较薄，云块的排列较为整齐，云隙间可见蓝天。

这是双层透光高积云，也称"复高积云"。高积云经常同时出现在不同高度上，上部的高积云为结构紧密的白色块状，下部颜色较暗，为灰色条状。

蔽光高积云

蔽光高积云呈波状排列，云体有明有暗，但无缝隙。

蔽光高积云　苏德斌/摄

蔽光高积云　苏德斌/摄

　　蔽光高积云布满全天，底部起伏不平。

蔽光高积云　宋安驰/摄

　　蔽光高积云体呈灰色，云块排列不整齐，常密集成层，偶有短时降水产生。

荚状高积云

　　荚状高积云云块分散，呈白色，中间厚边缘薄，轮廓分明，通常呈豆荚状或纺锤状，当日、月光照射云块时，常产生华彩。

　　下图中荚状高积云处在逐渐消散过程中，左侧仍保持荚状特征，右侧已开始消散。荚状云如果孤立出现，无其他云系配合，多预示晴天，农谚有"天上豆荚云，地上晒煞人"。荚状云若增厚发展，有时也会带来坏天气。

荚状高积云　张明英/摄

荚状高积云
张明英/摄

形似豆荚的荚状高积云，较高的一个边缘有些发毛，但颜色更洁白。下部的中间厚、两边薄的特征更明显。它是当空中有下沉气流时，高积云减弱消散形成的。

荚状高积云
马褂/摄

受山地影响，气流波动形成荚状高积云。

积云性高积云

　　积云性高积云云块大小不一，呈灰白色，外形略有积云特征，在其初始阶段很像蔽光高积云，而后向透光高积云转化，最终消失。它是由浓积云或积雨云发展到某一高度时受阻而平行展开，积云顶部花椰菜形消失而形成。一般预示天气逐渐趋于稳定。下图的积云性高积云云块大小不均，云体边缘散乱。

积云性高积云　苏德斌/摄

积云性高积云云底较平，云顶向上凸起，云体好似积云，透过云隙可见蓝天。

清晨，积云性高积云云块大小不均，排列散乱，远处尚有积云特征，底部较平，顶部凸起。天顶云边缘散乱。

絮状高积云

　　夏天晴空中出现一团团、一簇簇像破棉絮一样的云朵，飘散在天空，大小不一，高低不匀，云块呈灰色或白色，即为絮状高积云。絮状高积云是由于空中的潮湿气层不稳定，有强烈的对流和空气混合蒸发作用而形成的。这种云的存在说明整个大气层很不稳定。下图的絮状高积云云块呈白色，大小不一，边缘破碎，形如棉絮。

絮状高积云　张明英/摄

絮状高积云
伊人/摄

上图的絮状高积云云块洁白，边缘破碎，形如一团团棉絮，左上角背光处云底呈现灰色。

絮状高积云
柴虎/摄

絮状高积云如果出现在早晨，那么在太阳照射下，热力作用加强，一旦有对流产生就会转为雷雨天气。农谚有"朝有棉絮云，下午雷雨鸣"的说法。

堡状高积云

　　堡状高积云是垂直发展的积云形云块，远看并列在一线上，有一共同的水平底边，顶部凸起明显，好像城堡。"炮台云，雨淋淋"就是指堡状高积云或堡状层积云的出现，表示空气不稳定。

堡状高积云　郭恩铭/摄

堡状高积云　施文全/摄

　　堡状高积云的出现，预示8～10小时后会有雷阵雨天气。农谚有"城堡云，淋死人"的说法。

堡状高积云
王永亮/摄

　　堡状高积云一般出现在很远的天边。

高云

毛卷云
密卷云
伪卷云
钩卷云
毛卷层云
薄幕卷层云
卷积云

毛卷云

　　毛卷云云体具有纤维结构，常呈白色，无暗影，柔丝般光泽十分明显，成条状、片状、羽毛状、马尾状等。毛卷云的出现一般预示当地为晴天，但当它逐步增厚增多时，则预示有天气系统的入侵，天气将转坏。谚语称："天上扫帚云，三五天内雨淋淋"、"天上有云像羽毛，地上疯狂雨暴"。

　　下图正中间为毛卷云，颜色洁白而明亮，云体稍显散乱，毛丝般纤维结构十分明显。低空伴有预示晴好天气的淡积云。

毛卷云　胡天洁/供图

毛卷云
宋安驰/摄

薄而纤细的丝条状毛卷云，云丝略有卷曲，低空分布着淡积云。

毛卷云
颜娇珑/摄

毛卷云的毛丝般纤维结构非常明显，就像一根根大羽毛漂浮在空中。

密卷云

　　密卷云云丝密集，云体聚合成片，洁白色，中部有阴影，云体一般较厚，边缘纤维结构清晰。密卷云的出现预示天气较稳定，但如果它继续系统发展并演变成卷层云，则预示天气将有变化。

　　下图上部白色密卷云呈长条形，云块中部较厚，边缘毛丝般纤维结构十分明显。

密卷云　邵华/摄

密卷云呈现团状，边缘毛丝般纤维结构清晰可见。

密卷云呈长条形，云块中部较厚，在夕阳映照下呈红黄色，透过云隙可见蓝天。低空还有少量碎积云（呈灰色）。

伪卷云

伪卷云是积雨云的衍生云。当积雨云发展到衰退阶段，积雨云母体开始崩解，顶部砧状的部分脱离母体后称为伪卷云。

伪卷云是冰晶组成的云，白色或深灰色，云块中间部分较均匀，仅其边缘可见丝缕结构，挡住太阳时，可使日光减弱，甚至全部不见太阳。

伪卷云　陆晨/摄

伪卷云　佚名/摄

　　积雨云的砧状云顶脱离主体演变成伪卷云。云形仍保持砧状，随高空气流向左侧伸展，边缘毛丝般纤维结构比较明显。

伪卷云
张蔷/摄

　　伪卷云的出现，表征大气由不稳定趋于稳定。

钩卷云

钩卷云云体很薄，呈白色，向上一头有小钩或小簇，像逗号拖着细细的曳尾，云丝纤细而洁白，丝缕结构明显。钩卷云的出现，说明冷暖气团即将影响本地，通常是雨天的先兆。谚语称："天上钩钩云，地上雨淋淋"。

钩卷云　郭恩铭/摄

钩卷云的曳尾常是云体的冰晶下落的过程中，因风的切变而产生的。

钩卷云常分散出现，如果它系统移入天空，并继续发展，多预示将有天气系统影响，甚至可能出现阴雨天气。

毛卷层云

毛卷云不断增多增厚，就变成了卷层云。卷层云云体均匀成层，呈绢丝状透明云幕，为冰晶构成的冰云。有时云体不明显，仅使天空呈乳白色，隔卷层云可见日、月轮廓。

卷层云分毛卷层云和薄幕卷层云两类。卷层云出现时，在太阳和月亮的周围，有时会出现一种美丽的七彩光圈，里层是红色的，外层是紫色的，这种光圈叫作晕。"日晕三更雨、月晕午时风"的谚语就说明出现卷层云，并且伴有晕，天气就会变坏。

毛卷层云是一种罕见的云层景象，云体薄而不均匀，白色丝缕结构十分明显，有时很像大片薄的密卷云。

毛卷层云　贺赟/摄

毛卷层云　张明英/摄

　　毛卷层云云层非常薄，白色丝缕结构明显。有不完整晕圈出现，色带排列内红外紫。

毛卷层云
王琳琳/摄

　　毛卷层云云体较薄，丝缕结构清晰。

薄幕卷层云

　　薄幕卷层云云层很薄又比较均匀，毛丝般结构不清晰，云层分布在天空很不明显，有时误认为无云。薄幕卷层云云层由冰晶组成，虽然较薄，但当日、月光透过时，常出现晕的现象。

薄幕卷层云　　陈峰云/摄

薄幕卷层云
李林/摄

上图是拉萨上空出现的日晕现象，是日光通过薄幕卷层云时，受到冰晶的折射或反射而形成的。

薄幕卷层云云幕较厚时，看不出什么明显的结构，只是日、月轮廓清楚可见，有晕，地物有影。

薄幕卷层云
张殿英/摄

卷积云

　　卷积云云体呈鱼鳞状，云块聚集成群，排列成行，像微风吹过水面泛起的波纹，为冰晶构成的冰云。卷积云布满全天，称为"鱼鳞天"。卷积云出现多为天气转阴雨的征兆。因此有"鱼鳞天，不雨也风颠"的谚语。

　　下图卷积云的云块很小，白色鱼鳞状，成行、成群排列分布在高空，很像微风吹拂水面而成的小波纹。左下角边缘处有密卷云。

卷积云　张明英/摄

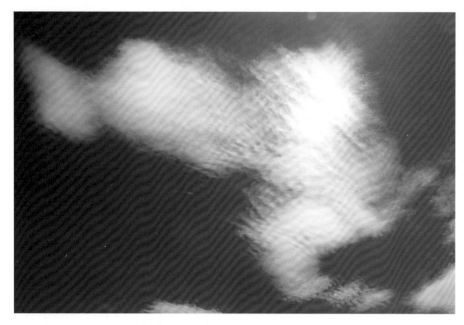

卷积云云体洁白，鱼鳞状成片分布。

卷积云可由卷云、卷层云演变而成。上图日头上方的卷积云由密卷云演变而来，日头下方为密卷云。

天气现象

霜

雾凇和雨凇

雾和霾

沙尘暴

闪电

龙卷风

虹和霓

晕和华

天气现象是指发生在大气中、地面上的物理现象，包括降水现象、地面凝结现象、视程障碍现象、雷电现象和其他现象等。电闪雷鸣、华晕虹霓、雪露冰霜、风雨雾霾都是人们可见的天气现象。

根据定义可将天气现象分为5种：

（1）降水现象：根据降水物的形态分为液态降水和固态降水，其中液态降水有雨，固态降水有雪、冰粒、米雪、霰、冰雹，还有混合型降水如雨夹雪等；

（2）地面凝结现象：露、霜、雾凇、雨凇等；

（3）视程障碍现象：轻雾、雾、吹雪、雪暴、烟幕、霾、浮尘、扬沙、沙尘暴等；

（4）雷电现象：雷暴、闪电、极光等；

（5）其他现象：大风、飑、龙卷风、尘卷风、冰针、积雪、结冰等自然现象，以及因光线折射和反射形成的虹、霓、晕、日华、月华等美丽的光学现象。

这里对其中比较典型的几种天气现象进行说明。

霜

　　每到晚秋至早春时节，在寒冷、晴朗、微风的夜晚或清晨，当你走向田野，可以看到天上并没有下雪，而在地面或地面物体上、植物的枝叶上却覆盖一层薄薄的"白沙"，很像白色的地毯，这就是霜。它是当贴近地层的空气温度或地面温度下降到0 ℃以下，空气中的水汽达到饱和时，直接在植物表面、地面凝华而成的白色结晶体。

霜　王修筑/摄

雾凇和雨凇

　　冬季，经常出现"玉树银枝，梨花竟放"的绝妙佳景。这就是人们常说的树挂、银枝、水汽花。气象学上称为雾凇。

　　雾凇究竟是怎样形成的呢？雾凇，是大气中的一种物理现象。雾凇不像雨、雪从天而降，而似霜。当气温低于0 ℃时，飘浮在空气中未冻结的过冷却雾滴会黏附在比它温度更低的地面和近地面冷物体上而冻结形成雾凇，由过冷却雾滴蒸发后再凝华也会形成雾凇。根据雾凇的形状特征和形成原因，可把它分为晶状雾凇和粒状雾凇。

雾凇　吴晓鹏/摄

冬季或早春时节，在我国一些地区，有时可以看到雨滴成冰的现象。从空中降下的雨，当它落在树枝上、电线上或其他物体上，便马上冻结成外表光滑、晶莹剔透的冰壳。这种滴水能成冰的雨，气象学上称为冻雨。冻雨所形成的冰层称为雨凇，也叫冰凌或树凝。

雨凇　张英娟/摄

雾和霾

雾是近地层空气中水汽凝结所产生的现象。气象学中规定，当大量微小水滴浮游空中，使水平能见度小于1千米时界定为雾。一般在晴朗无云的夜晚，地面散热比较迅速，底层气温下降快，有利于水汽的凝结，同时可以使低空形成一个温度随高度升高（即低层温度较低，高层温度较高）的不利于空气向上传导的稳定气层（称为逆温层），若有充沛的水汽及一定厚度的气层存在，便易形成雾。

霾是大量肉眼无法分辨的微小尘粒、烟粒或盐粒等细小粒子悬浮在大气中，使空气浑浊，水平能见度小于10千米的空气普遍混浊的天气现象。

霾的形成条件：

一是在水平方向静风现象增多。城市里大楼越建越高，阻挡和摩擦作用使风流经城区时明显减弱。静风现象增多，不利于大气中悬浮微粒的扩散稀释，容易在城区和近郊区周边积累。

二是在垂直方向上的气流受阻。由于逆温层（温度随高度升高的气层）的存在，就好比一个大锅盖盖在城市上空，使得低空向上的垂直运动受到限制，空气中悬浮微粒难以向高空飘散而被阻滞在低空和近地面。

三是空气中悬浮颗粒物的增加。随着城市人口的增长和工业发展、机动车辆猛增，导致污染物排放和悬浮物大量增加，直接导致了能见度降低。

雾　王京生/摄

　　大雾天气，建筑物朦朦胧胧，像是遮上一层薄纱，呈乳白色。

看云识天气 / **天气现象**

海雾　徐崇德/摄

青岛的海雾，高层建筑物楼顶在雾层上方。

霾　胡育峰/摄

　　中度霾天气，空气混浊，呈灰色，使远处的光亮物体呈现橙红色。

沙尘暴

人们是这样描述沙尘暴的：狂风卷着沙尘急速移动，形成浓度很大的沙尘密幕。远远望去，犹如一座黑色的大山迎面压来，并听到狂风卷着沙石的隆隆咆哮声，好像神话故事中的妖魔出行一般。风声越来越大，到处沙石翻滚。

气象学上，沙尘暴是指强风将地面尘沙吹起使空气很混浊，水平能见度小于1千米的天气现象。

按能见度划分，沙尘暴可分为沙尘暴、强沙尘暴和特强沙尘暴三类。

沙尘暴：强风将地面大量尘沙吹起，使空气很混浊，水平能见度在0.5~1千米的天气现象。

强沙尘暴：大风将地面尘沙吹起，使空气模糊不清，浑浊不堪，水平能见度在50~500米的天气现象。

特强沙尘暴：狂风将地面沙石吹起，天空混浊，一片黄色，水平能见度小于50米的天气现象。

形成沙尘暴天气有三个基本条件：大风（风速不小于20米/秒）、冷暖空气相互作用和沙源。

强沙尘暴
赵戈/摄

特强沙尘暴
高建国/摄

闪电

闪电是云与云之间、云与地之间或者云体内各部位之间的强烈放电现象，通常发生于积雨云中。

闪电的形式多种多样，常见的是枝状、线状闪电，其他还有球状或片状闪电等。

闪电（枝状）　青岛市气象局/供图

上图是发生在云与地之间的枝状闪电，是较为常见的闪电形式。

闪电（线状）　姜昊/摄

　　上图是发生在云与地之间的线状闪电，也是较为常见的闪电形式。

龙卷风

　　龙卷风是在极不稳定天气条件下由空气强烈对流运动而产生的一种强风涡旋，伴随着高速旋转的漏斗状云柱。龙卷风是大气中破坏力最强烈的涡旋现象。由于漏斗云内气压很低，具有很强的吮吸作用，当漏斗云伸到陆地表面时，可把大量沙尘等吸到空中，形成尘柱，称为陆龙卷；当它伸到海面时，能吸起高大水柱，称水龙卷（或海龙卷）。龙卷风影响范围虽小，持续时间一般仅几分钟，最长不过几十分钟，但破坏力极大，往往使成片庄稼、果木瞬间被毁，房屋倒塌，人畜生命遭受损害。龙卷风的水平范围很小，底部直径从几米到几百米，平均为250米左右，最大为1千米左右。其空中直径可有几千米，最大有10千米。极大风速可达150～450千米/时。下图中，细细的漏斗云从空中的对流云团向下伸向海面，形成水龙卷。

水龙卷　王宇/摄

虹和霓

虹，常称"彩虹"，是人们经常看到的一种自然现象。虹的出现要具备一定气象条件。那么虹究竟是如何形成的呢？

虹的形成与水汽有关，说明空气中已经有大量水滴存在。当阳光照射到半空中的水滴后，光线被折射及反射，在天空上就会形成拱形的七彩光谱。

平时我们看到的多是一条虹，但有时也能看到两条虹，在天空中一上一下排列，它们之间色彩排列刚好对称，内紫外红的那条我们称之为主虹，内红外紫的那条为副虹，也叫霓。

霓又是怎么形成的呢？

霓是阳光在水滴中经过两次全反射，两次折射而形成的，即折射—全反射—全反射—折射后形成，所以霓的色带排列与虹完全相反，且色彩较淡。

虹和太阳总是在相对位置上。早虹出现在西边，说明西边有天气系统从西向东移动，天气将转坏。晚虹则在东边，说明未来天气系统将逐渐移出本地区，一般预示天气晴好。因此有谚语称："晚虹日头早虹雨"。

虹　胡育峰/摄

下午的雨后，海滨山顶上空出现内紫外红的虹。

虹和霓　张佳/摄

虹和霓　赵乃君/摄

　　有时天空中不只出现一条虹，会同时出现两条、三条，以至五条虹，不过这种情况比较少见。上面两图中，两条虹清晰可见，内侧是内紫外红的虹，外侧是内红外紫的霓。

晕和华

晕是由于太阳或月亮的光线透过高而薄的冰晶云（如卷层云）时，受到冰晶折射而形成的彩色或白色光环，气象学上称为"晕"，它的色彩排列是内红外紫。发生在太阳周围的叫"日晕"，发生在月亮周围的叫"月晕"。

华是当太阳或月亮的光线为薄云（高积云、高层云）所遮，光线在透过薄云时产生衍射现象而形成的彩色光环，它的色彩排列是内紫外红。

晕
李林/摄

图片右上部的光环就是日晕，其色彩排列由内到外分别是红、橙、黄、绿、青、蓝和紫色。

华　张旭超/摄

太阳光经过复高积云云体的二次折射，形成日华。色序与晕相反，红、橙、黄、绿、青、蓝、紫由外向内排列。

华　佚名/摄

图中月亮周围形成两层月华，内层华直径较小，外层直径较大，两层华层叠在一起，形成奇观。

看云识天气
Kan Yun Shi Tianqi

ISBN 978-7-5029-6290-6

9 787502 962906

定价：36.00元

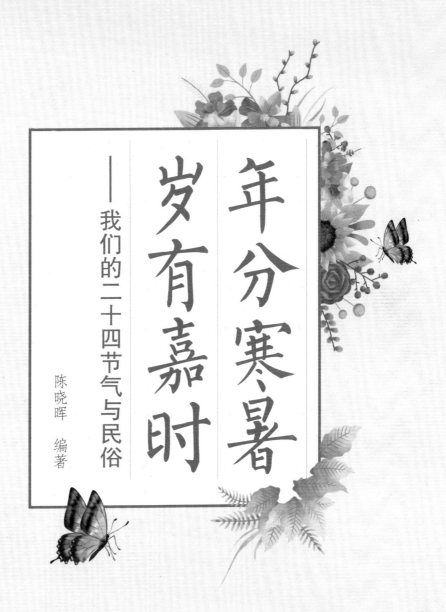

年分寒暑
岁有嘉时

——我们的二十四节气与民俗

陈晓晖　编著

气象出版社
China Meteorological Press